BEI GRIN MACHT SICH IHR WISSEN BEZAHLT

- Wir veröffentlichen Ihre Hausarbeit,
  Bachelor- und Masterarbeit

- Ihr eigenes eBook und Buch -
  weltweit in allen wichtigen Shops

- Verdienen Sie an jedem Verkauf

Jetzt bei www.GRIN.com hochladen und kostenlos publizieren

Bibliografische Information der Deutschen Nationalbibliothek:

Die Deutsche Bibliothek verzeichnet diese Publikation in der Deutschen National-
bibliografie; detaillierte bibliografische Daten sind im Internet über http://dnb.d-
nb.de/ abrufbar.

Dieses Werk sowie alle darin enthaltenen einzelnen Beiträge und Abbildungen
sind urheberrechtlich geschützt. Jede Verwertung, die nicht ausdrücklich vom
Urheberrechtsschutz zugelassen ist, bedarf der vorherigen Zustimmung des Verla-
ges. Das gilt insbesondere für Vervielfältigungen, Bearbeitungen, Übersetzungen,
Mikroverfilmungen, Auswertungen durch Datenbanken und für die Einspeicherung
und Verarbeitung in elektronische Systeme. Alle Rechte, auch die des auszugsweisen
Nachdrucks, der fotomechanischen Wiedergabe (einschließlich Mikrokopie) sowie
der Auswertung durch Datenbanken oder ähnliche Einrichtungen, vorbehalten.

Impressum:

Copyright © 2005 GRIN Verlag, Open Publishing GmbH
Druck und Bindung: Books on Demand GmbH, Norderstedt Germany
ISBN: 9783640529100

Dieses Buch bei GRIN:

http://www.grin.com/de/e-book/140700/unterrichtsstunde-mathematik-die-flaeche-
zwischen-zwei-funktionsgraphen

Robert Leuck

Unterrichtsstunde Mathematik: Die Fläche zwischen zwei Funktionsgraphen

GRIN Verlag

GRIN - Your knowledge has value

Der GRIN Verlag publiziert seit 1998 wissenschaftliche Arbeiten von Studenten, Hochschullehrern und anderen Akademikern als eBook und gedrucktes Buch. Die Verlagswebsite www.grin.com ist die ideale Plattform zur Veröffentlichung von Hausarbeiten, Abschlussarbeiten, wissenschaftlichen Aufsätzen, Dissertationen und Fachbüchern.

Besuchen Sie uns im Internet:

http://www.grin.com/

http://www.facebook.com/grincom

http://www.twitter.com/grin_com

Unterrichtsentwurf (Kurzform)

Name: Robert Leuck   **Datum**: 20.01.2005

Thema der Stunde: Die Fläche zwischen zwei Funktionsgraphen

Stundentyp: Erarbeitung   **Klassenstufe**: 12 (Grundkurs)

Einordnung des Themas

Das Thema "Die Fläche zwischen zwei Funktionsgraphen" ist dem Rahmenplanthema "Einführung in die Integralrechnung" für die Jahrgangsstufe 12 zuzuordnen. Die Wahl des Themas ist jedoch nicht allein durch den Rahmenplan gerechtfertigt, sie lässt sich auch durch den hohen Anwendungs- und Praxisbezug legitimieren. Die Kenntnis zur Berechnung von Flächeninhalten wird in vielen Bereichen benötigt, so lassen sich beispielsweise viele Größen unter anderem in der Physik, der Chemie, der Biologie, der Statistik, der Wirtschaft als Flächen interpretieren. Darüber hinaus ist das Thema in besonderem Maße dazu geeignet, ein Problemlöseverhalten bei den Schülern zu entwickeln und zu fördern. Die Schüler können insbesondere angeregt werden, mit früher Gelerntem (Begriffe, Regeln) selbständig umzugehen, das heißt, es in neuen Situationen anzuwenden beziehungsweise es zum Aufbau neuer Begriffe und Regeln zu benutzen.

Vorkenntnisse der Schüler

Im Rahmen der Unterrichtssequenz "Einführung in die Integralrechnung" sollten die geometrische Definition des Integrals, die wichtigsten Grundintegrale

$$\int_a^b x^k\,dx = \left[\frac{1}{k+1}x^{k+1}\right]_a^b$$ (k=0,1,2,3)

und die einfachsten Rechenregeln (Faktorregel, Summenregel, Integraladditivität) erarbeitet worden sein. Dadurch wird es möglich, Integrale für ganzrationale Funktionen als Integralfunktion bis höchstens 3. Grades zu berechnen und diese Kenntnisse beim Berechnen von Flächeninhalten von Flächen zwischen der x-Achse und dem Graphen einer Funktion anzuwenden. Die Berechnung von Flächeninhalten zwischen den Graphen zweier Funktionen, die im didaktischen Zentrum dieser Stunde steht, baut auf diese Vorkenntnisse der Schüler auf und setzt die systematische Betrachtung fort. Dieses strukturierte Vorgehen fördert dabei insbesondere auch das Lernen in Zusammenhängen (Integrationsprinzip).

Lernziele der Unterrichtsstunde

Grobziel:

Die Schüler sollen fähig sein ...

(0) zur Berechnung von Flächeninhalten zwischen den Graphen zweier Funktionen.

Kognitive Feinziele:

Die Stunde soll dazu beitragen, dass die Schüler ...

(1) den Weg zur Berechnung des Flächeninhalts einer Fläche zwischen zwei Funktionsgraphen entwickeln und erläutern können.

(2) den Flächeninhalt der Fläche zwischen zwei Funktionsgraphen über einem Intervall berechnen können.

(3) erkennen, dass man statt der Differenz der Integrale der Funktionen f und g auch das Integral der Differenzen dieser Funktionen zur Berechnung des eingeschlossenen Flächeninhalts verwenden kann.

(4) einen Satz zur Berechnung des Flächeninhalts der eingeschlossenen Fläche formulieren können.
=> Minimalziel

(5) benennen und begründen können, dass es bei der Berechnung des Flächeninhalts einer zwischen zwei Funktionsgraphen eingeschlossenen Fläche unerheblich ist, ob diese Fläche teilweise oder ganz unterhalb der x-Achse liegt.
=> Maximalziel

Affektive Ziele:

Die Stunde soll dazu beitragen, dass die Schüler ...

(6) lernen, konkrete Probleme zu mathematisieren.

(7) sich in der Entwicklung von mathematische Lösungsmethoden üben.

Phase / Methode	Geplantes Lehrerverhalten/Inhalt	Erwartetes Schülerverhalten/Inhalt	Lernziel	Medien
Einstieg (Doz. Unt., UG), 0.-5. Min	Besprechung der Hausaufgabe (Zeichnung der Graphen von f und g in ein Koord.-system). L. fragt, ob S. ein Integrationsproblem erkennen und führt S. direkt zum Flächeninhaltsproblem und informiert S. anschließend über das Stundenthema. L. schraffiert Fläche.	S. vergleichen eigene Zeichnung mit OH-Folie und verbessern ggf. S. weisen auf Flächeninhalt zwischen Graphen hin		OH-Folie, Hefter
Erarbeitung I (gesteuertes UG/ fragenentwickelnder Unt.), 5.-15. Min.	L. fragt, wie man den Flächeninhalt der von den beiden Graphen eingeschlossenen Fläche berechnen kann. L. stellt richtige Ideen der Schüler an der Tafel (außen) graphisch dar	S. stellen den Lösungsweg vor: 1. Berechnung der Schnittstellen, 2. Berechnung der Flächen zwischen den jeweiligen Graphen und der x-Achse zwischen den beiden Schnittstellen, 3. Berechnung der eingeschlossenen Fläche. S. berechnen anschließend die Schnittstellen der beiden Graphen. Nach dem Vergleich und der Sicherung der Ergebnisse berechnen S. die beiden Einzelflächeninhalte gruppenteilig. Die Ergebnisse werden an der Tafel/Hefter anschließend gesichert und danach der Flächeninhalt der eingeschlossenen Fläche berechnet.	(1), (2), (6), (7)	Tafel, Hefter
Üben (2-Gruppen-teilige Einzelarbeit) 15.-25. Min.	L. geht rum und hilft wenn nötig, achtet auf Schüler mit richtiger Lösung zum anschließenden Tafelanschrieb (innen, Ergebnis) oder nutzt die Möglichkeit für eine mündliche Zensurenvergabe an der Tafel (ausführlich)			
Sicherung I (Schülervortrag) 25.-30. Min.				
Überleitung (Doz. Unt.) Erarbeitung II (Lehrgespräch/fragenentw. Unt.) 30.-40. Min.	L. behauptet, dass man den Flächeninhalt der eingeschlossenen Fläche auch einfacher hätte berechnen können. L. erstellt Tafelbild (innen) und nimmt dabei geometrische Überlegungen der S. auf	S. werden alleine oder durch gezielte Fragen anhand der Summenregel oder anhand geometrischer Überlegungen erkennen, dass man statt der Differenz der Integrale der Funktionen auch das Integral der Differenz dieser Funktionen nehmen kann. Somit muss	(3), (7)	Tafel, Hefter

		man nur ein Integral für die Bestimmung des eingeschlossenen Flächeninhalts ausrechnen.		
Sicherung II (Lehrervortrag)	Satz zur Berechnung des Flächeninhalts einer zwischen zwei Funktionsgraphen eingeschlossenen Fläche wird an der Tafel formuliert.	S. schreiben mit.	(4)	Tafel, Hefter
=> Minimalziel: Hausaufgabe passend zum Grobziel (Lehrbuch)				
Ausblick auf kommende Stunde (UG) 40.-45. Min.	L. verschiebt die Graphen (OH-Folie) von f und g nach unten, so dass die von diesen beiden Graphen eingeschlossene Fläche teilweise oberhalb, teilweise unterhalb der x-Achse liegt. L. fragt, wie sich die Verschiebung auf die Funktionsgleichungen auswirkt. Bei der anschließenden Berechnung des Flächeninhalts der eingeschlossenen Fläche erkennen. L. Gibt Hinweise zur HA.	S. bestimmen die Funktionsgleichungen der dargestellten Funktionsgraphen. S. beschreiben das „neue" Problem. S. erkennen sodann, dass die Formel auch ihre Gültigkeit hat, wenn die eingeschlossene Fläche teilweise oder ganz unterhalb der x-Achse liegt.	(5), (6), (7)	Tafel, Hefter, OH-Folie
=> Maximalziel: Hausaufgabe passend zum Maximalziel (Lehrbuch)				

Geplantes Tafelbild

Außen

Die Fläche zwischen zwei Funktionsgraphen

Methode 1: Zurückführung auf den Fall nur einer Randfunktion

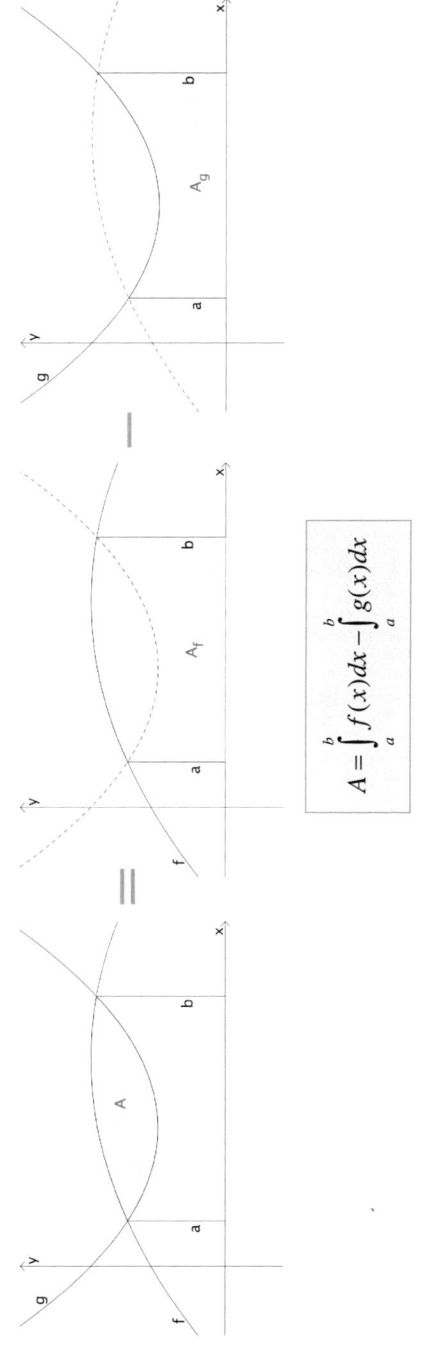

$$A = \int_a^b f(x)\,dx - \int_a^b g(x)\,dx$$

Inhalt der Fläche A **zwischen** f und g über dem Intervall [a; b]

=

Inhalt der Fläche A_f **unter** f über dem Intervall [a; b]

–

Inhalt der Fläche A_g **unter** g über dem Intervall [a; b]

Innen

Methode 2: Verwendung der Differenzfunktion

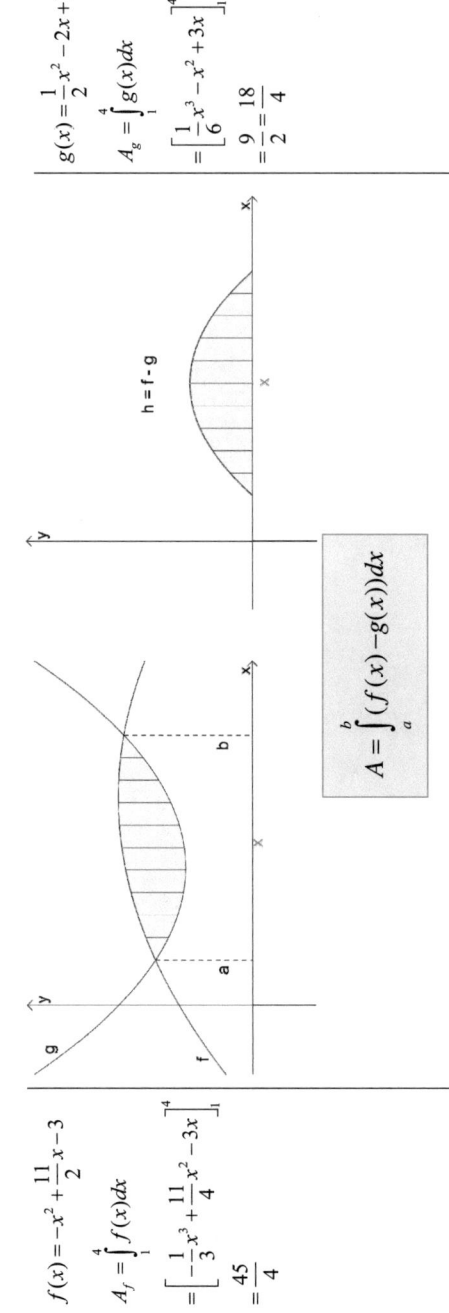

$$f(x) = -x^2 + \frac{11}{2}x - 3$$

$$A_f = \int_1^4 f(x)\,dx$$

$$= \left[-\frac{1}{3}x^3 + \frac{11}{4}x^2 - 3x \right]_1^4$$

$$= \frac{45}{4}$$

$$A = \int_a^b (f(x) - g(x))\,dx$$

$$g(x) = \frac{1}{2}x^2 - 2x + 3$$

$$A_g = \int_1^4 g(x)\,dx$$

$$= \left[\frac{1}{6}x^3 - x^2 + 3x \right]_1^4$$

$$= \frac{9}{2} = \frac{18}{4}$$

Inhalt der Fläche A **zwischen f und g** über dem Intervall [a; b]

= Inhalt der Fläche **unter** der Differenzfunktion h = g - f über dem Intervall [a; b]

Folie zum Vergleich der vorangegangenen Hausaufgabe bzw. zur Problemstellung (vorher unschraffiert)

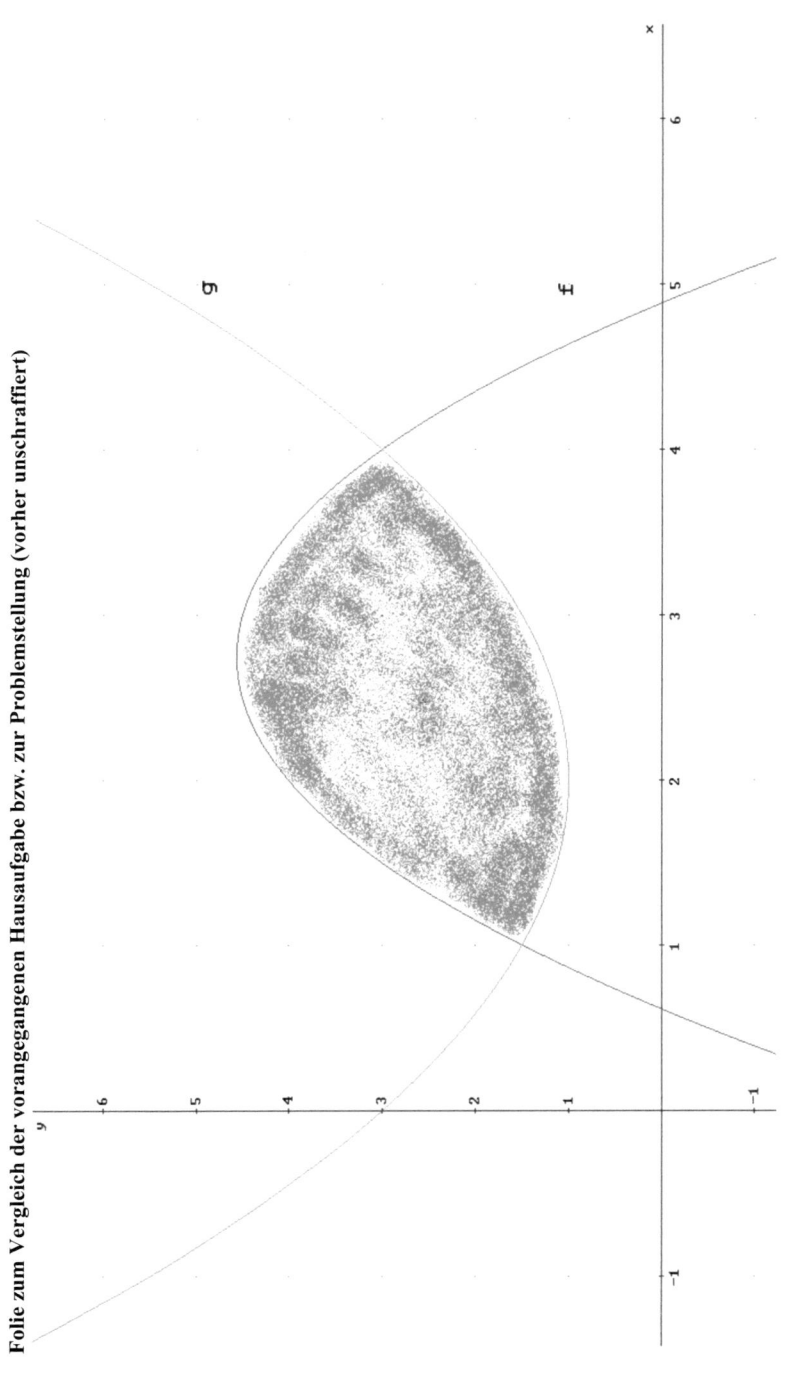

Zusatzfolie zum Maximalziel

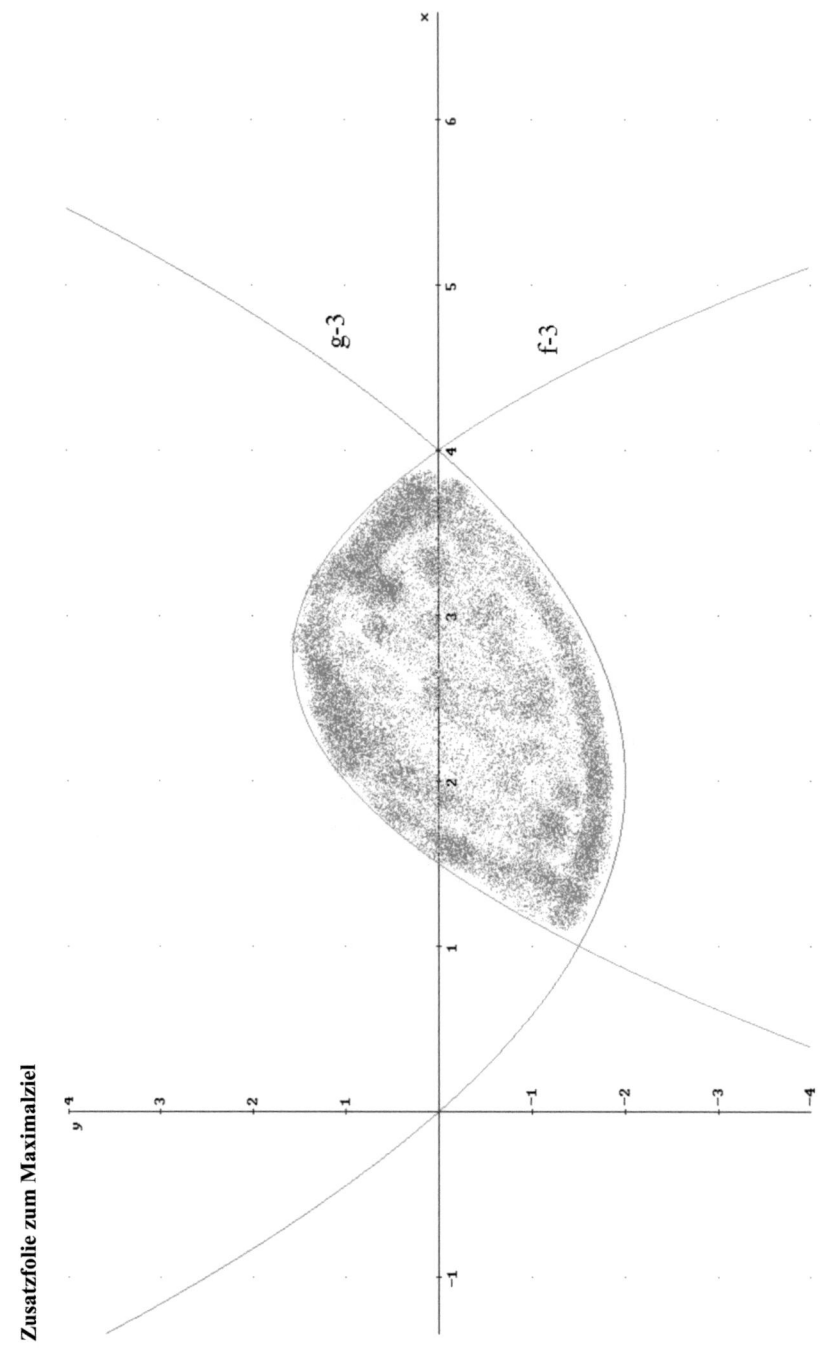